创意·表现　景观设计徒手画

ORIGINALITY · PERFORMANCE　LANDSCAPE DESIGN HAND DRAWING

席丽莎　著

图书在版编目（CIP）数据

创意·表现景观设计徒手画/席丽莎著.—天津：天津大学出版社，2013.3
ISBN 978-7-5618-4628-5

Ⅰ.①创… Ⅱ. ①席… Ⅲ. ①景观设计—绘画技法 Ⅳ. ①TU986.2

中国版本图书馆 CIP 数据核字（2013）第 041856 号

策划编辑　韩振平
责任编辑　韩振平
装帧设计　席丽莎　谷英卉

出版发行　天津大学出版社
出版人　　杨欢
地　　址　天津市卫津路 92 号天津大学内（邮编：300072）
电　　话　发行部：022-27403647
网　　址　publish.tju.edu.cn
印　　刷　廊坊市海涛印刷有限公司
经　　销　全国各地新华书店
开　　本　260mm×250mm
印　　张　10
字　　数　106 千
版　　次　2013 年 3 月第 1 版
印　　次　2013 年 3 月第 1 次
定　　价　56.00 元

序

在艺术家笔下，钢笔画与油画、水彩画等一样都是西画的重要画种，但在设计师眼中，钢笔画却是很重要的专业设计表现方式。我们从事风景园林规划设计的工作者更是将钢笔表现画视作最有效、最直接、最生动的表现景观设计思想和内容的手段，同时，这种钢笔画手绘能力也从一个侧面体现出设计师的艺术修养和创意设计能力。

设计与表现历来是景观设计中的两个进程，传统的程序中习惯于先设计后表现，而席丽莎博士的钢笔表现画最突出的特点却在于其"专业性"，即融设计于表现之中，又通过表现进一步予设计于灵感，从而推敲完善设计。我认为这种设计与表现交融的钢笔表现画方式，必将取代传统的单纯表现而给予设计师更大的帮助。

席丽莎博士的钢笔表现画从大尺度到小尺度，从整体到局部，都在强调景观方案创意的准确表达和设计的细化及深化。在她的一些景观规划整体表现画（鸟瞰图）中，完整准确地表现出设计师的创意构思、意境追求、整体环境的控制把握以及项目小环境与周围大背景的关系等；在一些局部表现图中，不论是水边的亭廊、草坪中的泥塑人物，还是庭园中的堆山叠石，无不体现出景观方案细化和深化的设计过程，即在表现内容及表现技巧上突出"专业性"。席丽莎博士找到了一个适合自己的通过钢笔画表现景观设计的方法和方向，这也可能由此形成她的表现特点。

席丽莎博士还很年轻，这本画册只是她景观专业表现画的一个起点，或者是她事业上的一个新起点，希望她未来能长期坚持下去，不断提高自己的表现水平和技巧，更加突出"专业性"特点，形成自己独特的风格，为钢笔画这一较"古老"画种的不断丰富和发展做出贡献，为我国的风景园林事业做出自己的努力。

最后希望从事相关专业的学生和朋友们多学、多画钢笔表现画，在此过程中获得更深刻的景观认知。

曹　磊
天津大学建筑学院
教授博导风景园林学科带头人
天津大学建筑设计规划研究总院
风景园林分院负责人

CONTENTS 目录

第一章　概述

对于规划、建筑、景观专业的设计师而言，表现图的绘制不仅是设计的表达方式，更是将设计纵深化的直观手段。精确理性的平、立、剖面图往往不能充分表达设计师所要营造的空间语境，而这些恰好可以通过手绘表现图予以展现。手绘图所呈现出来的空间感受较计算机图纸更具有灵活性和设计感，其绘制周期既是对设计不断完善的过程，又是充满激情的创作。因此，手绘图表现在设计领域一直以来都被视为从业人员的首要基本技能，即使在电脑辅助设计范围逐渐扩大的时代，手绘图仍然因其不可比拟的优势而始终受到重视。如果说设计的构思源于思维对原始条件通过设计手段的理性组织，那么如何将头脑中的灵感准确地表达出来，就是一个抽象思维到形象思维转换的过程，这个过程往往需要视觉形式的支持。在绘图过程中，思维始终贯穿其中，手绘表现图是对设计者立意思想传达的载体。钢笔画以均匀、流畅、柔韧、富于弹性的线条，产生细腻的画面效果，塑造场景的层次感和空间感，烘托和渲染出不同的环境氛围，从而将设计者思维的结果物态化，以图像的形式外化出来，有益于设计师对方案的交流与理解，从而完善和深化设计。

一、钢笔画的形式法则

钢笔表现图首先要准确地表现设计场景的空间尺度和结构关系，其次要在忠于真实景物的前提下进行取舍和概括，必要细节的描绘既能丰富画面效果，增强画面的感染力，又能充分烘托主题，此外，还要注意整个画面的空间层次及节奏感。

1. 透视规律

一点透视和两点透视是表现图中常用到的透视规律，设计者要正确表达立意构思及图面效果，首先要保证各个景物元素的比例、尺度及空间关系，遵循科学的透视法则，才能使画面具有真实性。

2. 主次明确

表现图所描绘的景物元素及其空间关系是为诠释设计者的立意构思服务的，所以设计的主体应处于视觉中心。主景比配景应更加深入细致地刻画，配景则较为概括，以辅助和衬托主景。对比强烈的主景凸显于画面，明暗调子对比较弱的配景与周围环境相融，整幅画才会构图富于节奏变化，空间层次丰富生动。

3. 对比统一

对比可以使画面的视觉效果增强，各个景物元素的自身特点得以鲜明展示，但片面追求对比，画面会显得杂乱无章。表现图中的对比体现在景物元素的主次、疏密、曲直、繁简、动静、虚实、强弱、聚散等方面；统一则是围绕画面的主景通过强调或者弱化的方式，使其与配景构成协调完整的效果，但一味强调统一，又会使整幅图面平庸暗淡，缺乏艺术感染力。

对比使得画面丰富，统一使得画面和谐，从统一中寻求变化，在变化中寻求统一，对比与统一在画面中缺一不可。

4. 疏密相间

画面布局构图讲究疏密相间有助于拉开画面中场景的空间层次。稀疏的画面过于平庸，苍白无力，感染力差；过于密集的线条又使画面沉闷压抑。

画面需详略得当，松紧有致。疏可走马、密不通风的疏密穿插才会使画面富于生命力。

5. 虚实相生

前后景物的虚实变化使得画面空间具有延展性，在表现过程中，对主体重点着墨，非主体大胆省略，给人以强烈的视觉张力。尤其在鸟瞰图中，远景的虚化、弱化有助于组织整个环境的空间层次，正是言有尽而意无穷。

6. 节奏韵律

在画面构图中，节奏韵律体现在景物元素，如同诗词的韵律和音乐的节奏一样，被组织出抑扬顿挫、轻重缓急得当的效果，形成前后连贯的有序整体；要避免平淡乏味的画面效果，强化主体元素，突出设计主题。

7. 材质对比

各个形象元素的材质效果通过钢笔线条的粗细、疏密、虚实、曲直来表现。景物表面的颜色深浅、光影变化及光滑或粗糙的质感被表现得准确逼真有助于生动塑造整体场景的氛围。

二、钢笔画特性

1. 表现方法分类

钢笔画可分为线描法、明暗法及线面结合法。

线描法类似于中国画中的白描，通过变化的线条勾勒景物元素的形体、空间层次、光影变化及质感，不需繁复的修饰和烘托。线条柔韧流畅，展现出线本身的韵味，使观赏者产生灵动的视觉感受。

明暗法与明暗素描相似，是通过刻画景物的明暗关系，强调其体积感以及景物之间空间关系的一种表现方式。这种画法往往通过线条的粗细、疏密展现明暗关系。

线面结合法将前两种表现方式结合起来，运用较为广泛，不但避免了线描法塑造景物体积感易于单薄的弱点，也改变了明暗法趋于沉闷的问题。

2. 线条的特点

线是钢笔画中最基本的元素，是设计师表达设计理念的基本语言。钢笔画以线条及其组织排列来产生不同的色调变化从而刻画景物。线有直有曲，直线条具有男性美的特征，明朗、刚毅、理性、凝重；曲线条富于女性气质，柔美、飘逸、轻松、活泼。舒展流动的线条赋予画面灵气，正确得当地运用不同形式的线条，有助于增添整幅画面的艺术感染力。

第二章 景观规划设计表现图

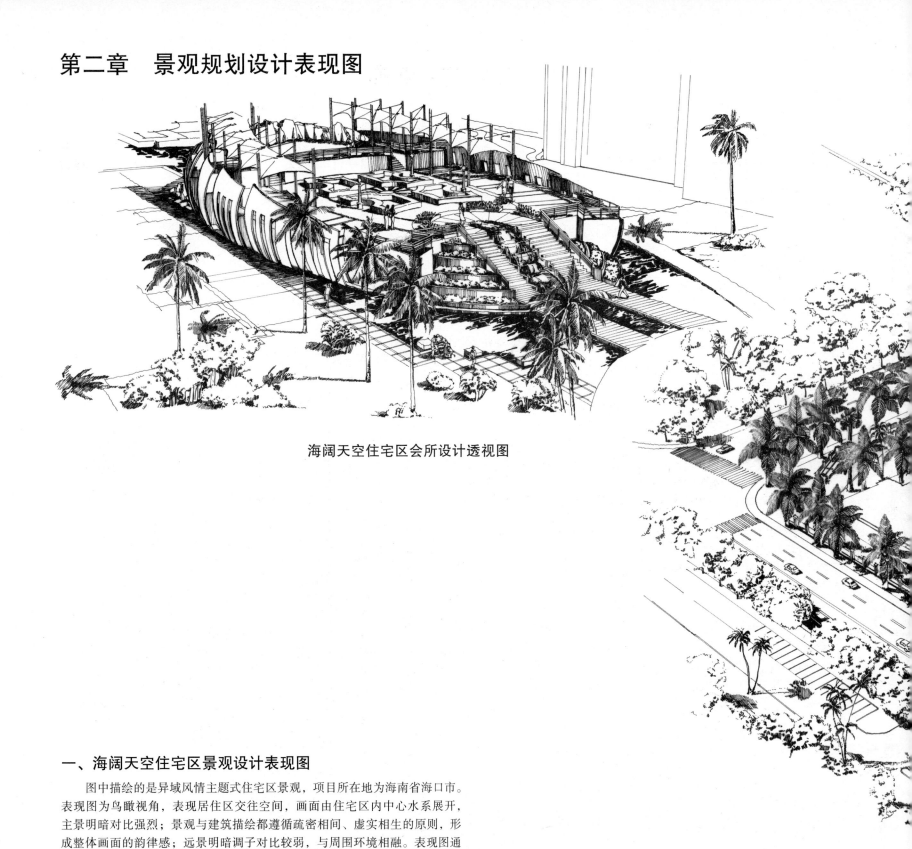

海阔天空住宅区会所设计透视图

一、海阔天空住宅区景观设计表现图

图中描绘的是异域风情主题式住宅区景观,项目所在地为海南省海口市。表现图为鸟瞰视角,表现居住区交往空间,画面由住宅区内中心水系展开,主景明暗对比强烈;景观与建筑描绘都遵循疏密相间、虚实相生的原则,形成整体画面的韵律感;远景明暗调子对比较弱,与周围环境相融。表现图通过对线的粗细、疏密、虚实、曲直组织画面,诠释景物元素的形体、空间层次、光影变化及质感。

海阔天空住宅区景观设计鸟瞰图

表现图为住宅区交往空间，重点表现景观水系；植物配置选取典型的南方代表性植物椰树，椰树枝叶极为细密，描绘时切忌拘泥于细节，使刻画效果流于细碎，应从大局出发，确定整体景物的明暗面，对椰树枝叶进行大胆取舍，高光部分忽略其固有色进行留白处理，阴影面则重点着墨，以衬托景物的受光面，增强其立体感；戏水儿童的刻画有益于烘托场景气氛，使画面具有生命力。

海阔天空住宅区景观设计透视图一

　　表现图为住宅区中景观泳池的人视角度透视图。椰树选用不同的姿态，避免重复，同时增添画面的趣味性；绿化层次注重乔木、灌木和地被植物三个层次，同时兼顾前景、中景、后景的空间关系；不同材质的景物元素，笔触富于变化，椰树树干运用流畅且富于弹性的长线条，前景的草坪则以短线条刻画其质感。

海阔天空住宅区景观设计透视图二

二、重庆道广场景观设计表现图

　　重庆道是天津市重要的历史风貌保护区——五大道地区的核心区，
属于天津英租界，修筑于 1922 年，现有民园体育场、孟恩远旧居、庆王府旧址、
教育家严修旧居等重要历史保护风貌建筑。

　　表现图手法选择以街区广场主雕塑为中心并向周边景物延伸，注意把控场景的空间尺度和结构关系；重点刻画广场中心雕塑、硬质铺装及旱喷，此外，画面中汽车及行人增加场景的生动性，细节的描绘既能丰富画面效果，增强画面的感染力，又能充分烘托街区文化广场主题；主景雕塑明暗对比较为强烈，凸显于画面，远景建筑及街道遵循近实远虚的原则，体现空间的延伸性，画面空间层次丰富生动。

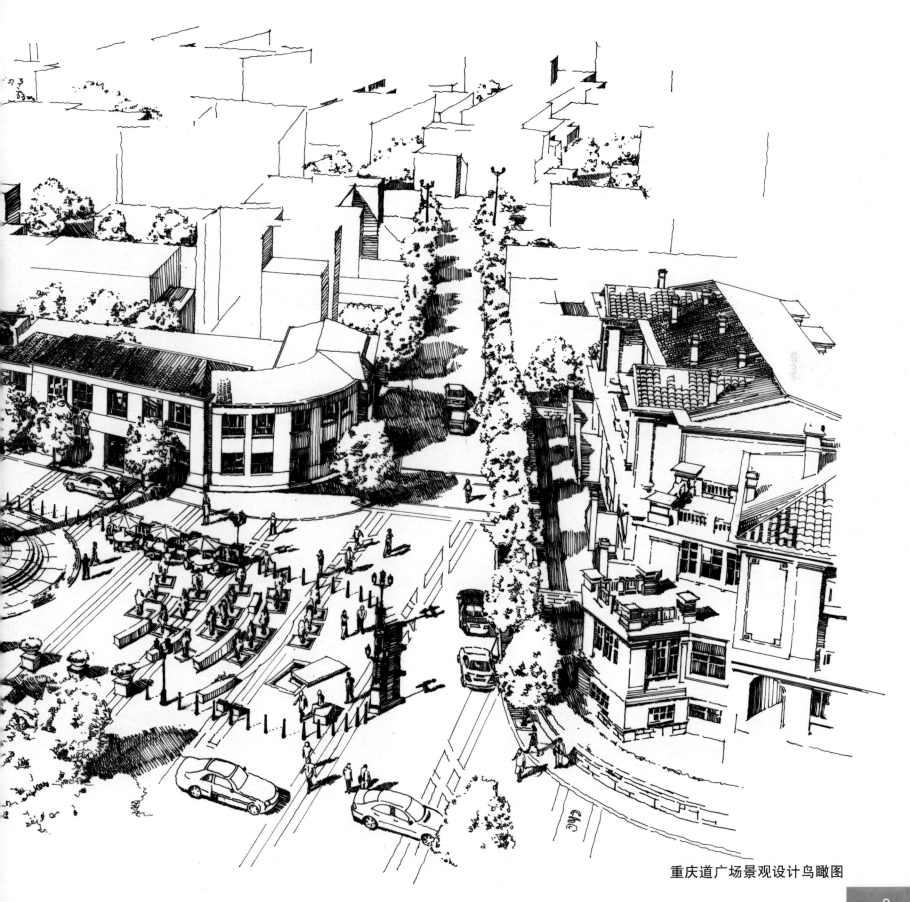

重庆道广场景观设计鸟瞰图

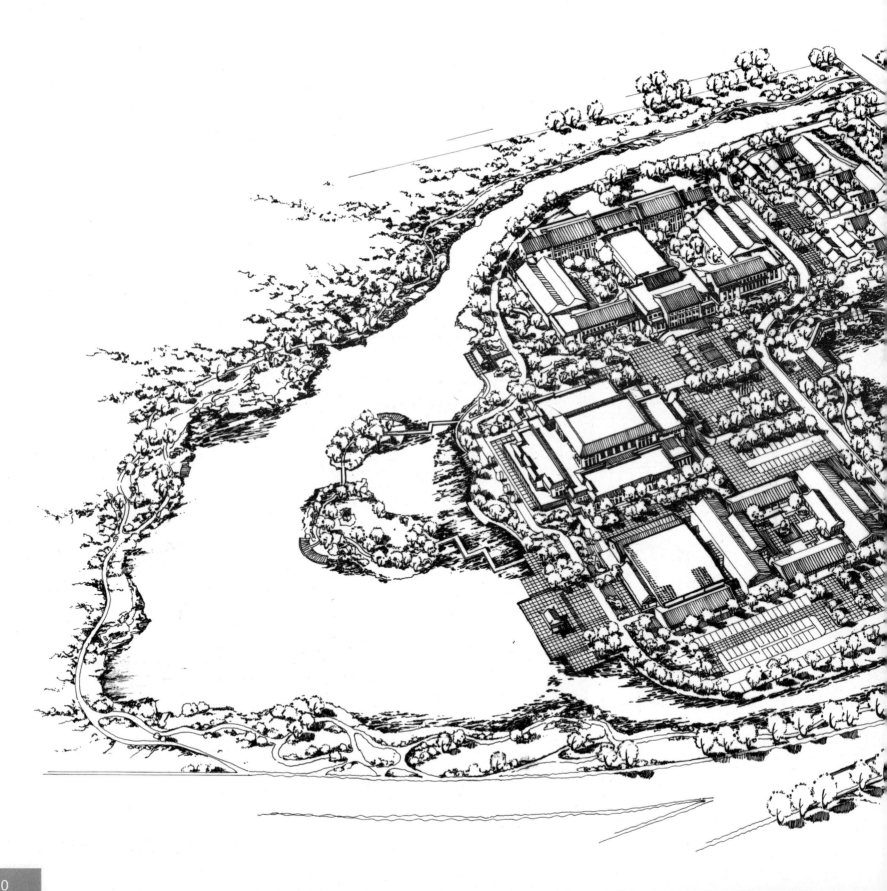

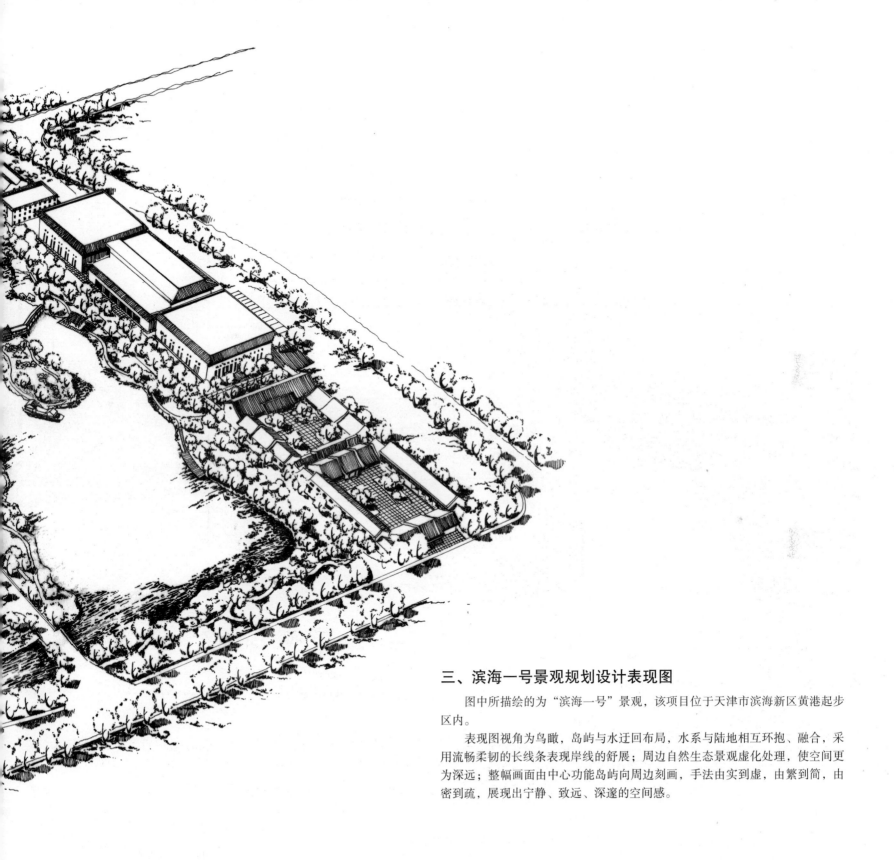

三、滨海一号景观规划设计表现图

图中所描绘的为"滨海一号"景观，该项目位于天津市滨海新区黄港起步区内。

表现图视角为鸟瞰，岛屿与水迂回布局，水系与陆地相互环抱、融合，采用流畅柔韧的长线条表现岸线的舒展；周边自然生态景观虚化处理，使空间更为深远；整幅画面由中心功能岛屿向周边刻画，手法由实到虚，由繁到简，由密到疏，展现出宁静、致远、深邃的空间感。

滨海一号景观规划设计鸟瞰图

滨海一号景观规划设计透视图一

滨海一号景观规划设计透视图二

滨海一号景观规划设计透视图三

滨海一号景观规划设计透视图四

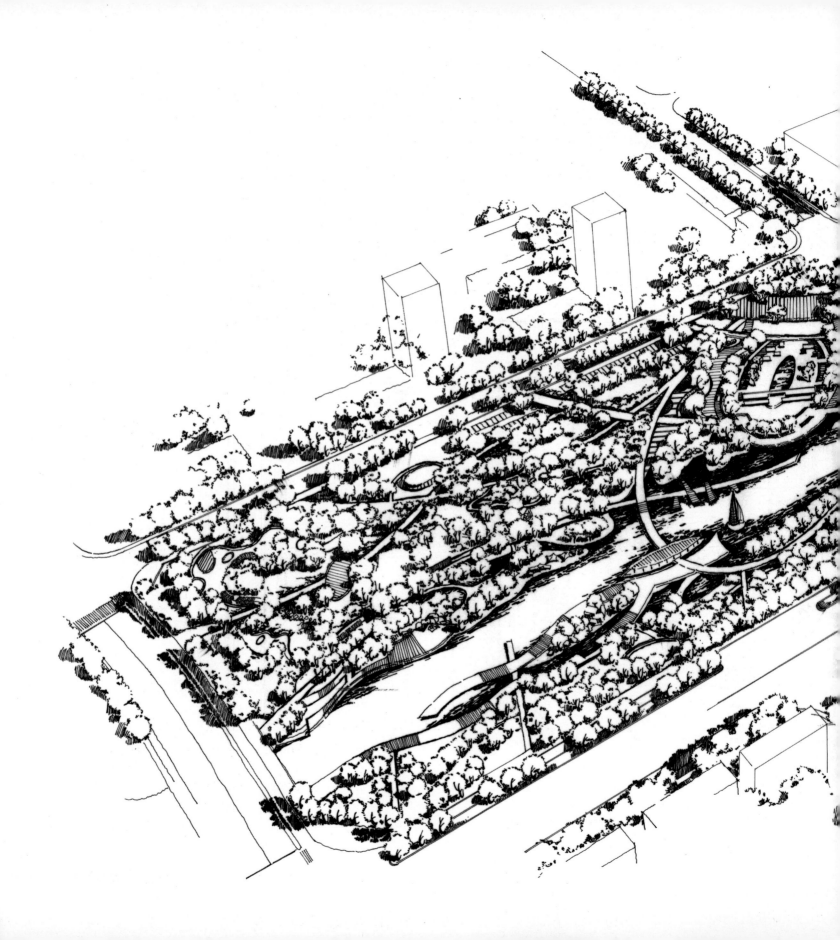

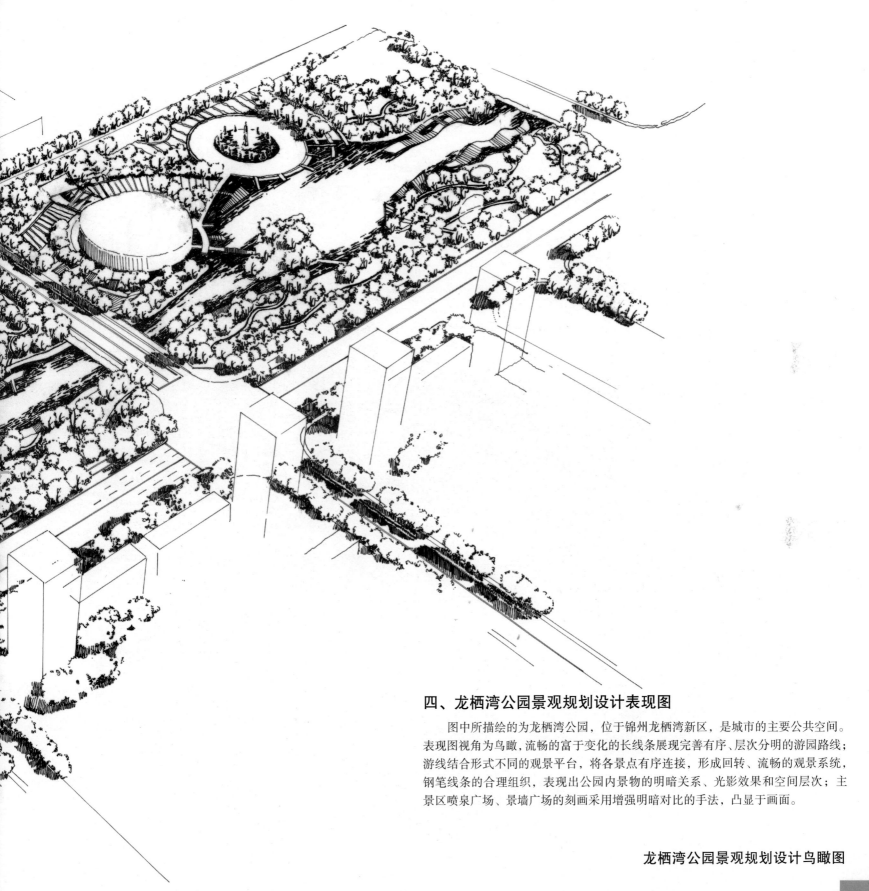

四、龙栖湾公园景观规划设计表现图

图中所描绘的为龙栖湾公园，位于锦州龙栖湾新区，是城市的主要公共空间。表现图视角为鸟瞰，流畅的富于变化的长线条展现完善有序、层次分明的游园路线；游线结合形式不同的观景平台，将各景点有序连接，形成回转、流畅的观景系统，钢笔线条的合理组织，表现出公园内景物的明暗关系、光影效果和空间层次；主景区喷泉广场、景墙广场的刻画采用增强明暗对比的手法，凸显于画面。

龙栖湾公园景观规划设计鸟瞰图

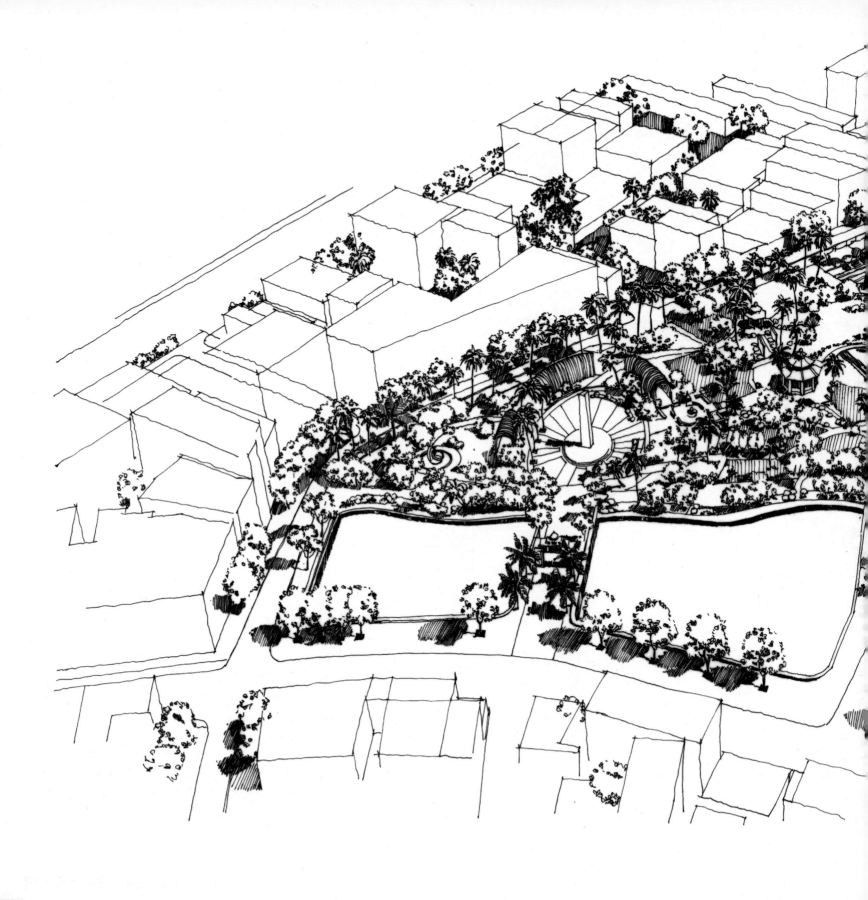

五、文昌公园景观设计表现图

　　图中表现的为文昌公园的鸟瞰视角，公园位于海南省文昌市文城镇，为市民主要活动空间。

　　表现图采用椰树及棕榈等南方代表性植物强调公园的地域性特征，草坪的阴影效果烘托出公园主轴线，以区分出不同景物元素的质感；各种植物富于变化的轮廓线弱化游园路线的边缘；由于园内椰树较多，表现图注重将各个椰树的姿态描绘出变化的效果，避免雷同，增添画面的生动性与真实性。

文昌公园景观设计鸟瞰图

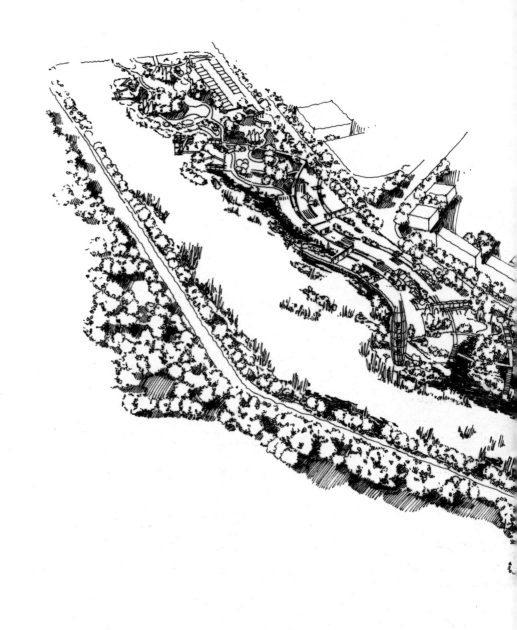

六、梦幻古海岸湿地公园景观规划设计表现图

表现图为湿地公园景观，公园地点为天津市宁河县七里海，七里海湿地以作为研究渤海湾西岸古海岸带变迁的遗迹而闻名于世。

鸟瞰图选取东部为主要表现点，重点着墨，明暗对比度较强。河岸植物以芦苇群落为主，繁茂的自然植物体现出自然、自由的原生态栖息场所；画面注意岛与水的融合，通过水生植物的参差错落弱化其边界，采用流畅的钢笔线条表现整座湿地公园的流线型；公园内分布的矮树和高大乔木与退台及硬质铺装形成对比，整幅画面注重直线与曲线、疏与密、虚与实的对比，展现富有趣味的休闲空间。

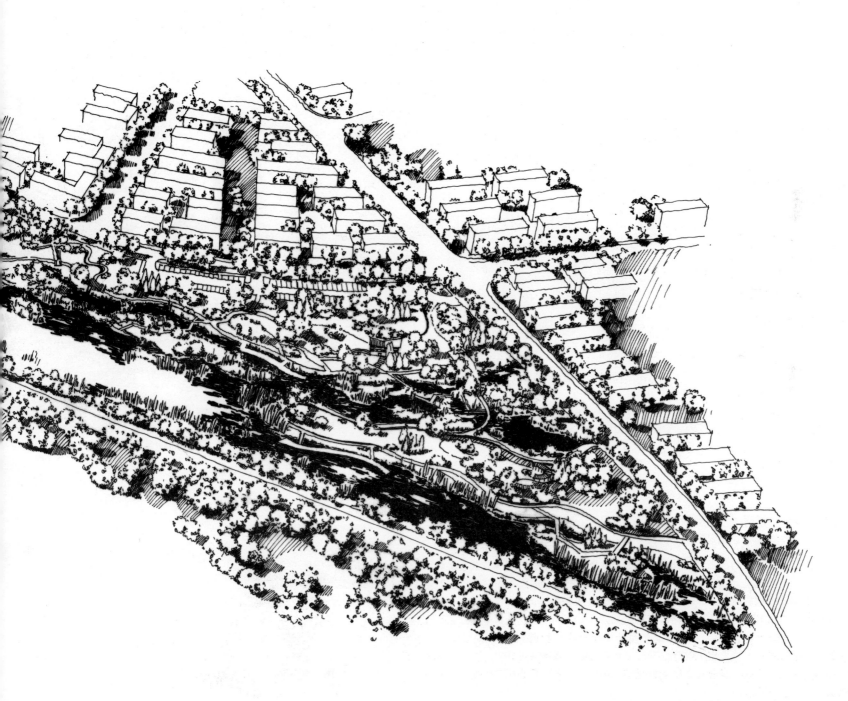

梦幻古海岸湿地公园景观规划设计鸟瞰图

七、水西庄复建景观规划设计表现图

　　表现图所描绘的为水西庄园林复建景观，项目地点位于天津市红桥区。史料记载，水西庄规模宏大，巧夺天工，乾隆皇帝曾四度驻跸，因其与江浙文化并雄，成为天津历史文化的高峰和儒雅文化的代表。水西庄与扬州马氏秋玉之玲珑山馆、杭州赵氏公千之小山堂齐名，同为古运河畔三大私家园林。众多文人墨客在这里留下了数不清的轶事、诗歌与墨宝。

　　表现图选择视角为鸟瞰，园内集中用水与分散用水相结合，大水面辽阔开朗，小水面曲折深幽。画面重点着墨园区入口处及岛屿，增强其对比度；园区西部为会所景观，非画面所表达的重点，故采用弱化、虚化的方式将空间延伸，以衬托园区主景，从而构画出富于节奏、层次丰富的生动场景。园区主环路采用轻快灵动较为活跃的长线条，并用行道树强调出其走势；线条的合理组织，表现出园内景物的明暗关系、光影效果和空间层次；注重整体的协调性，避免拘泥于细节；画面通过线条的粗细、曲直、长短、疏密等方法来表现丰富的色阶。手绘表现图不仅展现设计效果，而且诠释出设计者的情感，并以此与观众交流，感染观众。

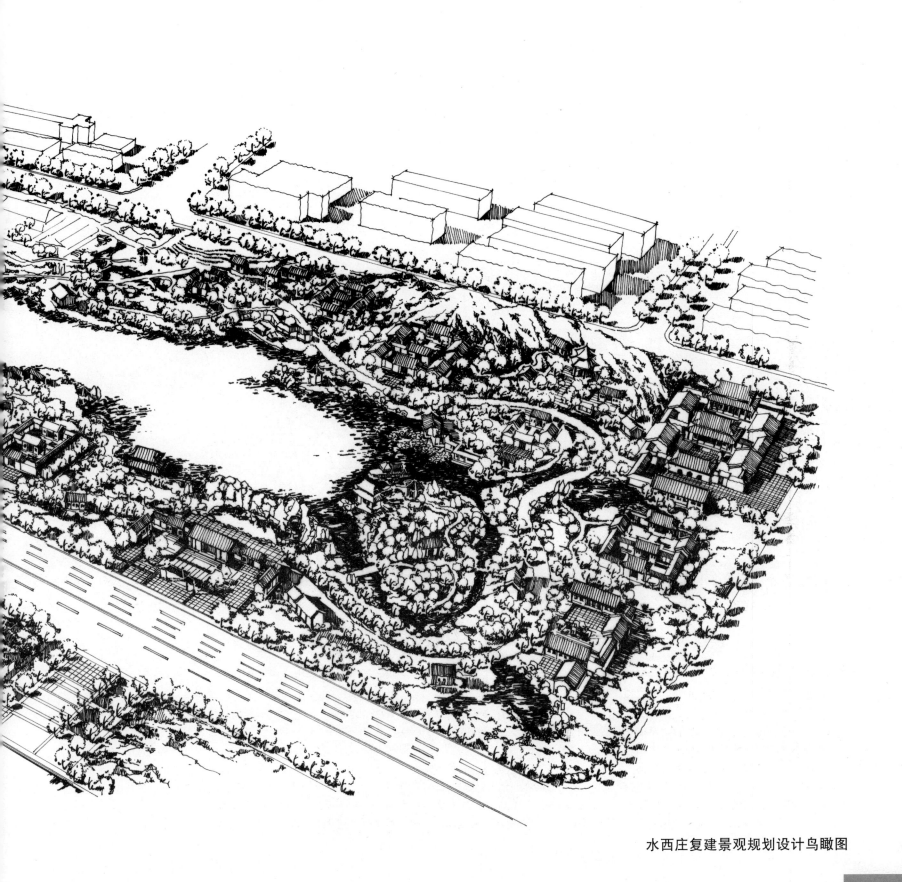

水西庄复建景观规划设计鸟瞰图

采用线描方法表达前景植物，以交叉的笔触组织阴影效果，增添整幅画面的活泼性；注意图底关系的表现，留白的前景植物由中景及后景的阴影反衬，所以底图选用较为实在的画法，以此拉开整幅图的空间关系；前景的线描方式也更加强调出柳树的摇曳身姿。

水西庄复建景观规划设计透视图一

水西庄复建景观规划设计透视图二

水西庄复建景观规划设计透视图三

八、蓟县山场会所景观设计表现图

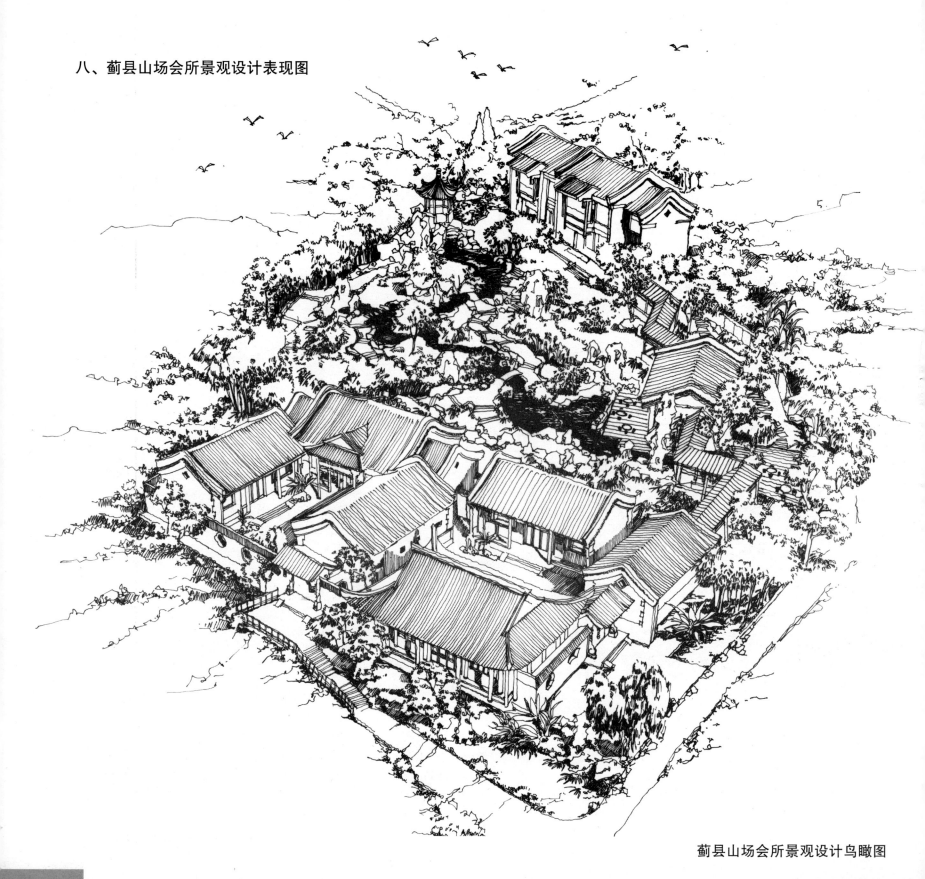

蓟县山场会所景观设计鸟瞰图

九、八门湾商业街景观设计表现图

　　透视图描绘的为海南省文昌市头苑镇八门湾旅游景点的场景氛围，植物配置选取南方植物的典型代表椰树，采取夸张的比例关系强调椰树的特点，以此来突出展现旅游区的区域位置；天空中增添飞鸟，烘托出怡人的休闲娱乐氛围。

八门湾商业街景观设计鸟瞰图

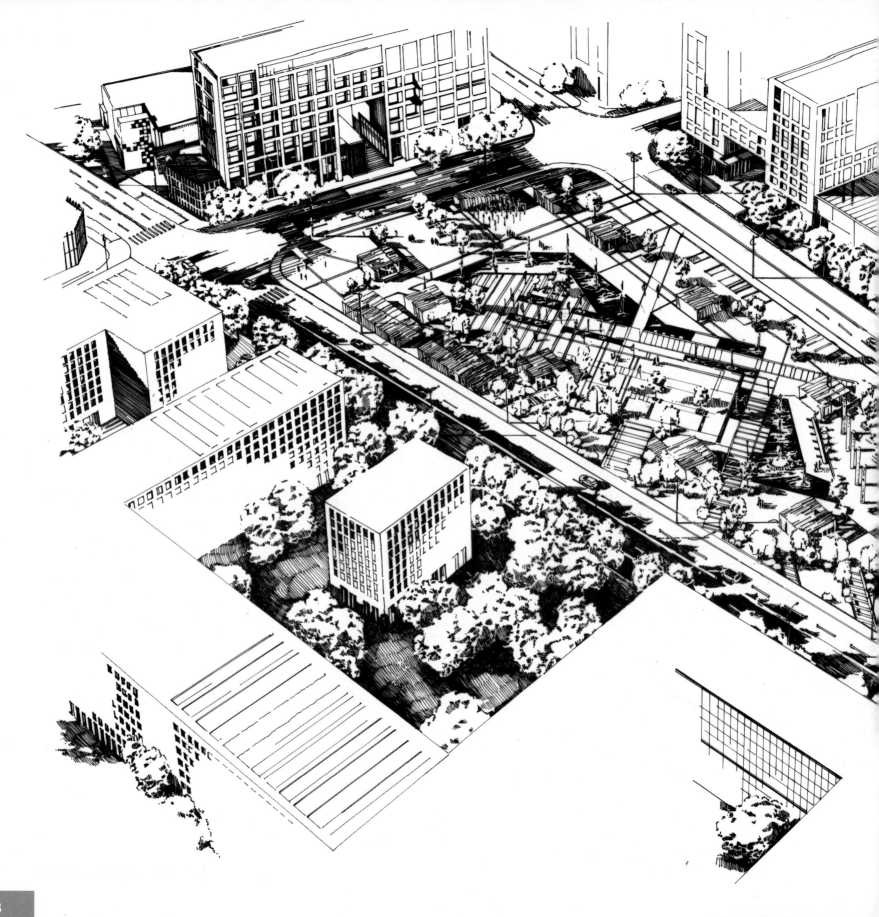

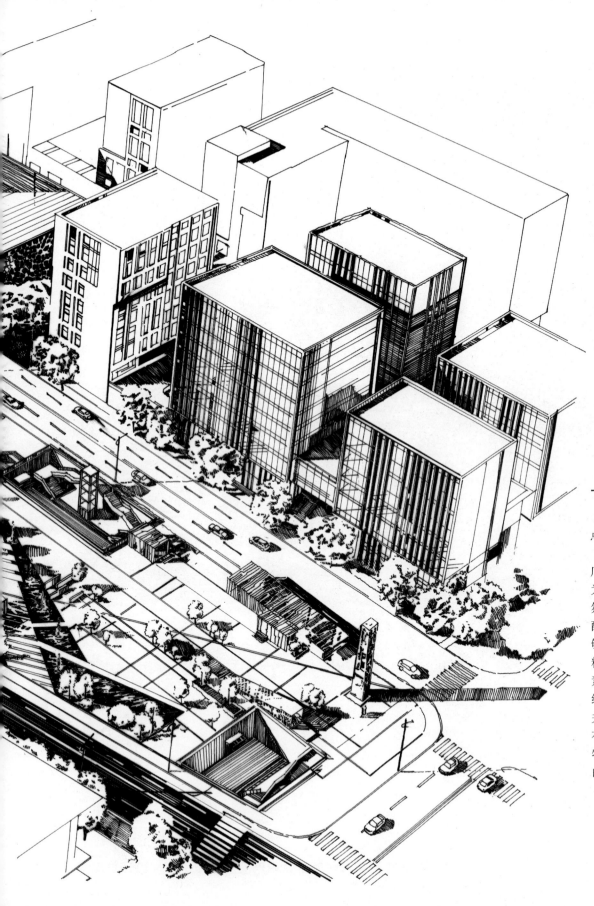

十、YOHO 湾瑞航广场景观设计表现图

鸟瞰图为 YOHO 湾广场景观，项目所在地点为天津市滨海新区空港经济开发区。

表现图整体采用刚劲有力的实线条表现整座广场人文高科技新园区，绿化则运用轻快灵动较为活跃的线条，以烘托和渲染时尚、现代的环境氛围。描绘广场时，对主景广场要不惜笔墨，对配景要大胆省略，使表现图有中心思想，进而能够给人一种极强的视觉张力。表现图通过对线的粗细、疏密、虚实、曲直组织画面，诠释景物元素的形体、空间层次、光影变化及质感。此外，线条的松紧尤为重要，在绘图时，要处理好疏密关系，使线形之间的关系得到恰到好处的夸张，有益于空间的转换和空间层次的递进。画面中景物的光影明暗都是由光的照射产生的，所以光影的方向要具有一致性。

YOHO 湾瑞航广场景观设计鸟瞰图

卢氏山水文化新城文化旅游休闲产业区起步区规划设计鸟瞰图

十二、文昌市文城镇孔庙和文昌河公
　　　园周边区域景观设计表现图

文昌市文城镇孔庙和文昌河公园周边区域景观设计鸟瞰图一

文昌市文城镇孔庙和文昌河公园周边区域景观设计鸟瞰图二

十三、于庆成雕塑园景观规划设计表现图

透视图为于庆成雕塑园景观，地点为天津市蓟县，雕塑园设计将整个场地环境作为一个大地艺术作品来处理，并围绕园区中的主题雕塑作品，营造生活、生产、娱乐以及人们的喜怒哀乐场景。

右图为雕塑园中《亲家》雕塑的场景设计，古朴的植物加上辘轳和散养的家禽展现乡土气息。雕塑的描绘采用活泼的钢笔线条，增添村野的趣味性。对于前景树木的刻画，加深暗部以及枝叶间的投影部分，强调树木的体积感、厚实感，树叶分组来画，疏密结合。灌木丛由富有动感和虚实变化的短线条组成，小乔木枝叶部分采用自由连续的、不同方向的小弧线重叠交叉的画法，且根据其受光面与背光面，描绘出线的疏密关系。整幅画面的配景是为烘托主景雕塑服务的，自由且富有张力的线条有益于表达雕塑质朴的特征和所处的场景氛围。

于庆成雕塑园透视图一

于庆成雕塑园透视图二

于庆成雕塑园透视图三

于庆成雕塑园透视图四

于庆成雕塑园透视图五

于庆成雕塑园透视图六

于庆成雕塑园透视图七

于庆成雕塑园透视图八

于庆成雕塑园透视图九

于庆成雕塑园透视图十

于庆成雕塑园透视图十一

我最牛
I'M THE BEST

于庆成雕塑园透视图十二

于庆成雕塑园透视图十三

第三章 古典园林

一、造园石材

古典园林常用的造园石材有太湖石、黄石、英石、灵璧石、昆山石、宣石等。

太湖石

唐吴融《太湖石歌》赞美太湖石："洞庭山下湖波碧，波中万古生幽石，铁索千寻取得来，奇形怪状谁得识。"白居易《太湖石记》中描写湖石："厥状非一：有盘拗秀出如灵丘鲜云者，有端俨挺立如真官神人者，有缜润削成如珪瓒者，有廉棱锐刿如剑戟者。又有如虬如凤，若跧若动，将翔将踊，如鬼如兽，若行若骤，将攫将斗者。……"

太湖石，原产于苏州所属太湖中的洞庭山水边，一种色白，一种色青而黑，一种微黑青，属沉积岩中的石灰岩，表面玲珑剔透，文理纵横，笼络起隐，能达到"一峰而蕴千岩之秀"的艺术效果。太湖石坚而脆，且敲击有声。

太湖石内部结构变化丰富，表现时注意选择性，提炼出重点，忽略次要部分，强调钢笔线条之间的疏密对比，运用较为圆润的线条勾勒其形体结构，以烘托湖石丰富的肌理特征。

黄石

文震亨在《长物志》中说："尧峰石，近时始出，苔藓丛生，古朴可爱，以未经采凿，山中甚多，但不玲珑耳。然正以不玲珑，故佳。"黄石质地坚硬，以灰、白、浅黄为主，石面轮廓分明，呈现出苍劲古拙、雄奇壮观的外貌特征。黄石堆成的假山棱角锐利、雄伟浑厚。上海豫园的黄石假山层峦叠嶂，清泉飞瀑，气势恢弘。苏州耦园假山，也以黄石堆砌，凝重淳朴，宛若真景。扬州个园的黄石假山，石峰奇秀，坚挺的古柏出于石隙中，与褐黄的山石形成对比，造成秋山之景。

黄石坚硬的形态特征，宜适合选用硬朗的直线条描绘，石面转折处强调光影变化，增强明暗关系体现立体感，同时注重线条的虚实结合。

个园秋山黄石假山

豫园假山

豫园假山

豫园假山

豫园假山

豫园假山

对于园林景石的描绘，采用流畅连贯的长线条勾勒外形轮廓，高光部分忽略景石固有色进行留白处理，阴影面则重点着墨，以衬托景石的受光面，增强其立体感，这种明暗对比使景石的视觉效果增强，自身特点得以鲜明展示。

园林石景

古典园林

中国古典园林中的山石造景，采用艺术的构思，以小尺度创造峰峦叠嶂的山水形象，营造自然山水美的意境。常见的形式有叠石堆山、独石构峰、点石成景等。

二、叠石堆山

个园四季假山

"春山淡冶而如笑，夏山苍翠而如滴，秋山明净而如妆，冬山惨淡而如睡。"这是北宋时期郭熙对四季假山的描述。扬州个园之名取自苏东坡"宁可食无肉，不可居无竹；无肉令人瘦，无竹令人俗"的诗意，极尽清雅。个园中四季假山以石笋为春山，以湖石为夏山，以黄石为秋山，以宣石为冬山。

春山

"春山淡冶而如笑"之意境尽由石笋参差、青竹数竿来展现。石笋竖长如剑，有青灰、青绿、炭墨等不同的颜色，主要以沉积岩为主，外形修长如出土之竹笋，形态奇特。《云林石谱》记载："其质挺然尖锐，或匾侧有两三面。纹理如刷丝，隐起石面，或得涮道，扣之或有声，石色无定，间有四面备者。"石笋外部形态单一，如同挺拔尖锐的新笋，但石面有纤细的纹路，肌理较为细碎，刻画时注重变化与统一的关系，强调石块的整体感，避免产生凌乱的效果。

夏山

苍翠如滴的夏山由瘦、皱、漏、透的太湖石展现。湖石纤巧柔美，清新怡人，婀娜多姿的风格表达出夏天给人的清新感觉。整座夏山形体大，腹空，中构洞壑、涧谷，又有曲桥相通，山前一池碧水，倒映出山石树木的浓郁。

用长线条勾勒出山体整体轮廓，运用线的不同疏密组构产生色调层次上的差异，线条在交叉过程中，层层叠加，精细刻画；着眼全局才能做到虚实相间、统一多变，生动表现整座夏山；湖石外形突兀圆润但内部结构变化丰富，刻画山洞需注重明与暗、空间关系及光影变化。钢笔画是在二维平面上通过艺术表现诠释三维物体，所以着笔前要认真观察分析景物；描绘时，强调突出景物特点，大胆舍弃次要的、琐碎的细部，从而避免杂乱无章，使画面具有统一性。

个园石笋春山

个园湖石夏山

秋山

黄石假山山体高峻，雄浑古朴，棱角分明，以此来表达秋意浓浓。《园冶》指出黄石假山"雄、奇、刚、挺"为上品，个园秋山即为这种手法的佳例。

在黄石假山的描绘中，增强明暗对比，通过影调渲染出山体鲜明突出的结构和强烈的立体感。对于整座山体的描绘，切忌拘泥于个体石块，需从整体出发，注重全局明暗关系。此外，松柏的描绘，更增添浓郁秋意。

个园黄石秋山

冬山

浑圆的宣石叠成冬山，有如积雪未消的模样。宣石产于安徽宁国，又称雪石，内含石英，迎光闪闪发亮，背光则耀耀放白。如《园冶》中所说："唯斯石应旧，愈旧愈白，俨如雪山也。"冬山一侧地面以白矾石做冰裂纹铺地，与宣石假山组成白色统一色调。

宣石的描绘，采用自由连续的、不同方向的短线重叠交叉的画法表现其圆润的特点，且根据其受光面与背光面，描绘出线的疏密关系；光影变化着眼于大局，拉开整座山体的空间关系。斑竹、腊梅等小乔木增添寒冬意境。

个园宣石冬山

豫园假山

豫园假山

登山之路称为山道，山道上利用山石堆叠而成的台阶，有别于一般阶梯规整统一的特点，可与周围环境巧妙融合，不仅解决了交通往来的功能需求，同时使山体更具有完整性、自然性。描绘山道时注重与山体石块相融合，形成整体，避免凸显于画面，注重整座山体的统一性。此外，画面中的山石、植物的光影明暗都是由光的照射产生的，光影的方向要具有一致性。

园林假山

舫船

园林假山

园林石景

园林假山

园林石景

　　山石作为水池的驳岸，如《园冶》所述："池上理水，园中第一胜也。若大若小，更有妙境。就水点其步石，从巅架以飞梁；洞穴潜藏，穿岩径水；峰峦缥缈，漏月招云。莫言世上无仙，斯住世之瀛壶也。"由此可见，在山石驳岸的处理上，应选择自然随意形状的石块，大小相间、疏密有致地排布，以形成池岸犬牙交错的轮廓，避免生硬之感，使水陆之间自然过渡。描绘驳岸石注重其整体态势，强化驳岸的轮廓特征，内部细节进行大胆取舍，刻画细碎结构时要以整体出发，着眼大局，避免产生凌乱的效果，使得驳岸缺乏整体感。

古典园林

古典园林

竹子中空、有节、挺拔、四季常青的生物形态特征与我国传统文化中的审美意识相契合，成为"清高、有节、坚贞、正直"品质的象征。竹子枝干挺拔，枝叶秀丽飘洒。石与竹一静一动，一刚一柔，参乎造化，相映成趣，相得益彰。

描绘时，注重图底关系，前景竹子采用线描的手法，后景的茂密枝干采用实画法，以衬托前景；画面注重虚与实的对立统一，两者相辅相成、互为依托，无虚就不存在实，无实也就无所谓虚；加深竹叶与枝干的明暗对比，以突出竹子的结构关系，加深细枝深度，强调空间层次，深入刻画竹叶，使其更有质感与体积感。竹的枝干部分用流畅硬朗的长线条，以表现竹子的秀美修长与刚健挺拔；强调每组竹叶的大小穿插变化及轮廓动态，展示出竹子的清丽潇洒、摇曳身姿。

园林石景

三、独石构峰

　　单块特置的峰石显现其独特的个体美，称为独石构峰，这种置石手法所用石材一般体量较大，石形完整，并具备"瘦、皱、漏、透、丑"等特点。

冠云峰

　　冠云峰置于留园内，高约 6.5 米，宽约 1.3 米，以秀美的姿态独立当空，孤高磊落，形态瘦挺，嵌空玲珑，有若云气芬溢，缥缈朦胧之感，相传为"花石纲"遗物。"冠云"之名取自《水经注》："燕王仙台有三峰，甚为崇峻，腾云冠峰，高霞翼岭……"意为此峰高峻。

　　刻画冠云峰需注重从其轮廓大的特征出发，对内部结构进行适当描绘，刻画内部结构避免过于细碎，在忠于景物的前提下进行取舍和概括。

绉云峰　　　　　　　　　　　　　　　　　　　　　　　冠云峰

瑞云峰

瑞云峰为"花石纲"遗物，其上为嵌空石峰，下是盘石底座，褶皱相叠，玲珑剔透，四面如画。峰高5.12米，宽3.25米，厚1.3米。

深入细致地刻画瑞云峰细部，同时运用大胆泼辣、随意的线条组成画面，通过线条的变化和由线条轻重疏密组成的黑白调子表现景物的空间体积，刻画景物的质感。明暗交界处黑白调子对比强烈，画面效果细致紧凑。

绉云峰

绉云峰是一块英德石的峰石，全长2.6米，狭腰处仅0.4米，"形同云立，纹比波摇"，故名曰"绉云"。绉云峰体态秀润，色泽青黑，褶皱细密，古人赞其"骨耸云岩瘦，风穿玉窦穴"。描绘时对景物细节特征细致入微地刻画，且对其整体进行高度概括；注意明暗对比，灰色调过多，画面易趋于平庸，缺乏生命力，但重色调过多，画面显得压抑、沉闷；奇石面与面的转折处注意光影效果，明暗关系。

玉玲珑

瑞云峰

玉玲珑

玉玲珑置于豫园内，高约3米，宽约1.5米。此太湖石周身有72孔洞。据传有人曾"一炉香置石底，孔孔烟出；以一盂水灌石顶，孔孔泉流"。明代文学家王世贞有诗赞美："压尽千峰耸碧空，佳名谁并玉玲珑。梵音阁下眠三日，要看缭天吐白虹。"

对于周身空灵剔透的玉玲珑的描绘、疏密关系的处理依靠描绘者对景物黑白繁简关系的分析和确定，有意识提炼出更明确的虚实关系。虚实的体现又通过线条疏密的组织来表达，因此需要描绘者对景物认真观察，大胆取舍，进行适当强调夸张。

青莲朵

青莲在佛经上多用之比喻为智慧与眼目，所谓"青莲在眸"。此石犹如一朵出水芙蓉，高雅纯洁。《淳佑临安志辑逸》咏此石："巨石如芙蓉，天然匪雕饰。盘礴顶峰边，婵娟秋江侧……"

青莲朵色泽灰白，石表温润柔和，少见皱褶。描绘青莲朵注重线的疏密、对比与穿插，表现出奇石的神韵，高光处忽略其固有色进行留白，着墨不多却显现出含蓄、空灵的诗意美。

青芝岫

青芝岫色泽清润，横卧在雕有精美的海浪纹图案的青石基座之上，高 4 米，宽 2 米，长 8 米。青芝岫与青云片均为米万钟弃之良乡的奇石。乾隆称青芝岫为雄石，青云片为雌石。

青云片

青云片玲珑剔透，姿态优美，石高 2.88 米，长 3.2 米，周长 6.72 米。

描绘青云片采用较为硬朗的线条界定其外形轮廓，表现质地坚硬的特征，通过对长短、轻重、疏密不同的线条的组织，使画面体现出一定的韵率；细腻的线条表现奇石的肌理效果，黑白调子对比强烈，画面效果细致紧凑。

青莲朵

青芝岫

青云片

园林石景

园林石景

四、点石成景

古典园林中，玲珑剔透的景石随地势变化，或置于道路交叉处，或散落于花木旁，高低错落，疏密有致，产生极好的艺术效果。

海棠春坞

以墙作为背景，在面对建筑的墙面、建筑山墙部位作石景或假山布置，称"粉壁理石"。较小的庭院不宜叠砌体积较大的山石，常用石以立面形式嵌于墙，营造出石景。计成在《园冶》中写道："峭壁山者，靠壁理也，借以粉壁为纸，以石为绘也，理者相石皴纹，仿古人笔意，植黄山松柏、古梅、美竹收之园窗，宛然镜游也。"苏州拙政园内用湖石于南墙嵌石，配植海棠、慈孝竹，题名海棠春坞，宛若以粉墙为纸，石为所绘的自然山水画卷。

园林石景

豫园石景

豫园石景

园林石景

粉墙前，湖石数块，缀以花草竹木。玲珑剔透的山石，混合自然，可谓"片石多致、寸石生情"。"树配石而坚，石配树而古"，石的点缀衬托出花木柔美的姿态，植物则反衬出石的硬朗，一柔一刚，丰富空间。

园林石景

几竿修竹，点石成景，咫尺空间，生机盎然。摇曳的翠竹与奇石形成对比，静中有动，动中有静。以粉墙为背景，竹影便如一幅动态的画，摇曳生姿。

园林石景

园林石景

环秀山庄假山洞与崖道

园林石景

园林石景

园林石景

园林石景

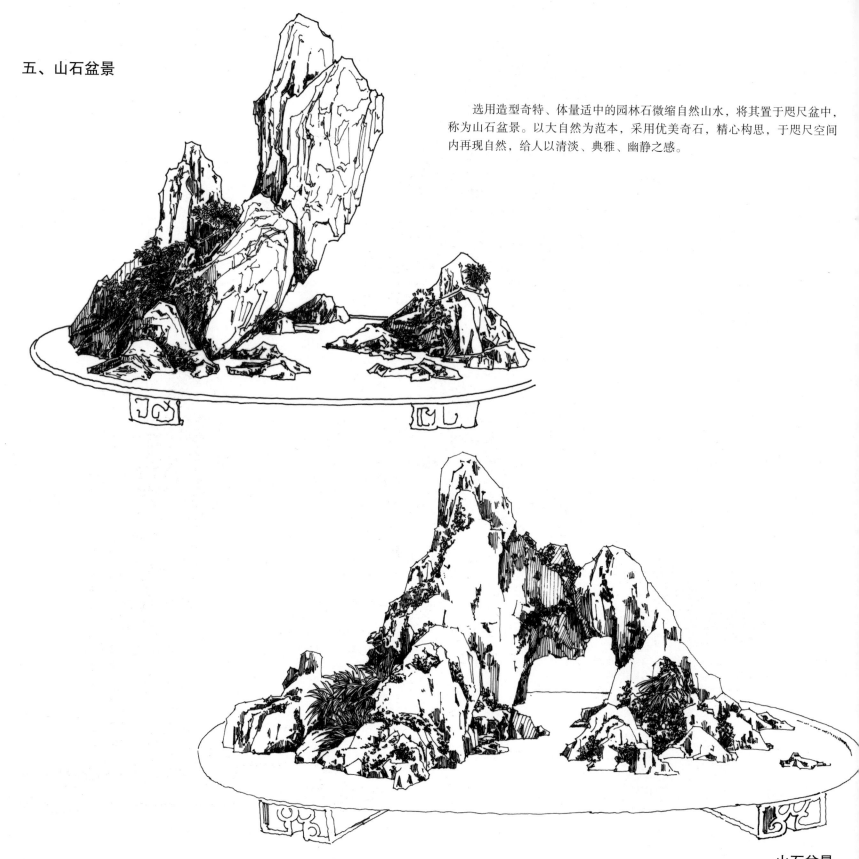

五、山石盆景

选用造型奇特、体量适中的园林石微缩自然山水,将其置于咫尺盆中,称为山石盆景。以大自然为范本,采用优美奇石,精心构思,于咫尺空间内再现自然,给人以清淡、典雅、幽静之感。

山石盆景

山石盆景

山石盆景

园林假山

园林假山

自然风景

自然风景

自然风景

庭院景观

爨底下山村

第四章 经典建筑

建筑

建筑

建筑

建筑

建筑

建筑

建筑

城市风光

建筑

建筑

城市风光

城市风光

城市风光

建筑

城市风光

建筑

城市风光

城市风光

第五章　景观快速表现

景观表现图

　　景观手绘快速表现可以先运用钢笔描绘景物元素，深入细致地刻画其明暗面，使画面产生层次感，然后采用马克笔和彩色铅笔相结合的方式为画面着色。着色前，要在头脑中构思出整幅画面的色彩效果，统一布局色彩搭配，避免产生凌乱效果；冷暖色调尽量不要掺杂混搭，要明确出区域的冷暖性，做到色调协调；在马克笔色调之上叠加运用彩色铅笔，可以增添画面的丰富效果；刚柔并济、松紧适宜、疏密得当的笔触效果会使画面更具有艺术感染力。表现图是设计者思想传达的载体，准确表现景物的比例关系，同时处理好画面中景物的前后虚实变化，突出表现重点，对重点景物详细刻画，对非主体物进行删减，勾画出富于节奏、层次丰富的生动场景。

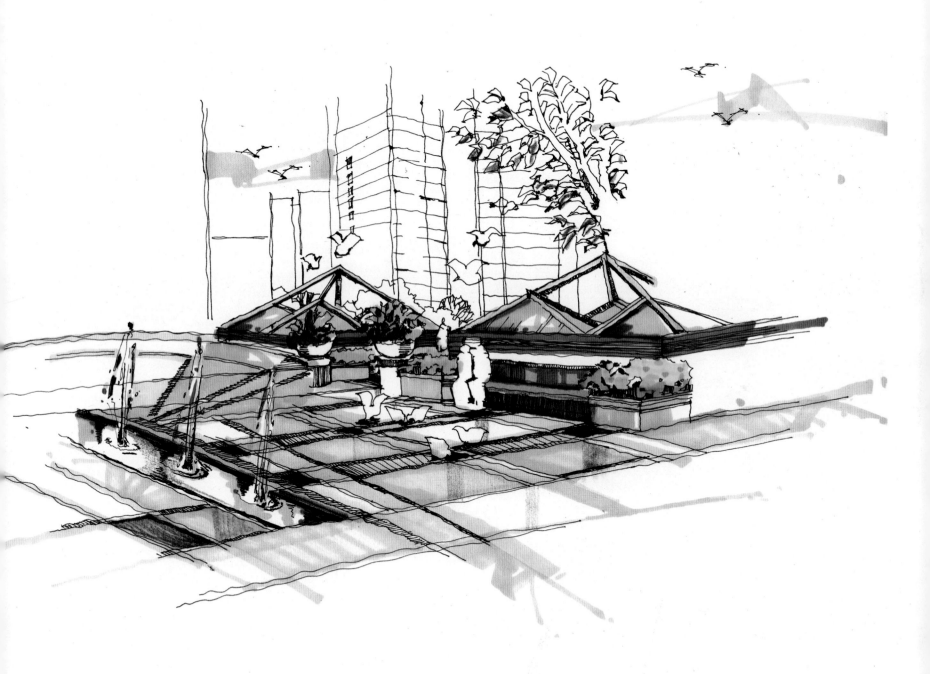

景观表现图

景观表现图

景观表现图

景观表现图

景观表现图

景观表现图

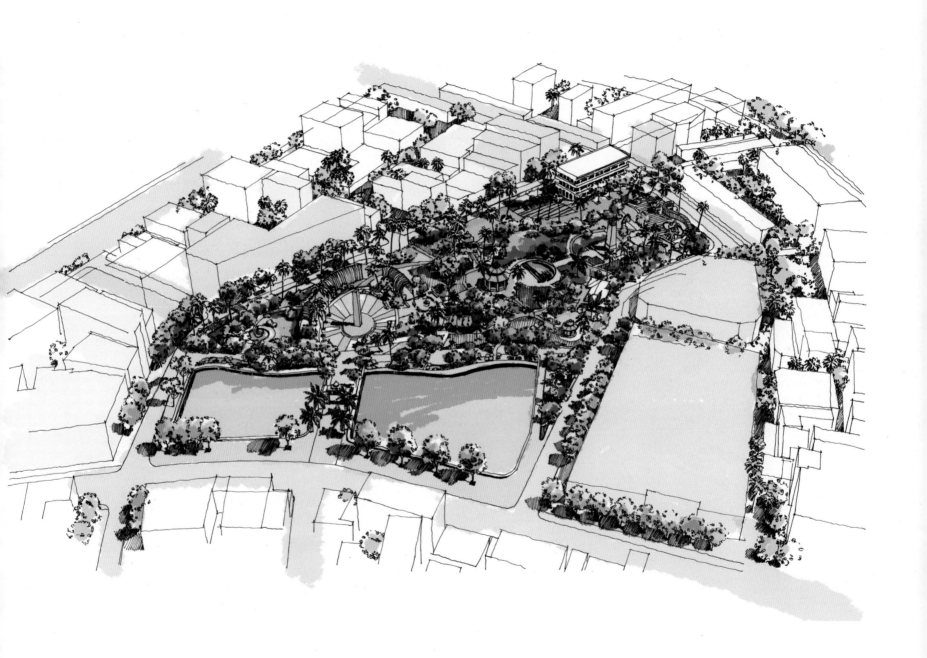

景观表现图

景观表现图

景观表现图

后 记

对于设计师而言，手绘表现不但是一种借助图示语言表达设计思想的手段，而且是一种通过思维与图像的相互激发而产生灵感的方式。单纯的计算机图像或图纸通常无法以富有创造性及艺术性的语言表达设计理念，而一张铺满墨迹的手绘则不仅仅是方案的物化表现，更是传达设计思想的良好载体。

随着近年来的实践，对于不同类型项目的积累，曹磊教授建议我将过去几年完成的手绘表现图进行分类整理，并帮助我编纂成册，付梓出版。这样既可以将过往成果和经验加以总结，也可以更好地指导未来的工作。经过几番努力，在 2012 年的深冬季节，终于可以将过去部分代表性成果通过这本小册子奉献给一直关心我成长的良师益友们。书中以钢笔画表现作为主要的切入点，将百余张徒手表现图按照景观规划设计表现、古典园林、经典建筑、景观快速表现等予以分类，真实地记录了过往几年我的工作学习历程。

感谢曹磊教授一直以来对我的热情鼓励和悉心培养，感谢您在本书编写过程中给予我的悉心指导和无私帮助。

感谢董雅教授在学术领域中对我的启迪和关怀，正是您以渊博的知识和严谨求实的治学态度引领我在专业学习上不断前行。

感谢王焱老师对我的关心和鼓励，让我在日常工作学习中感受到了严谨的学术氛围和轻松的生活环境。

感谢天津大学出版社韩振平社长和郭颖编辑对我的信任和支持。

感谢各位共同奋斗的同学们和一如既往支持我的亲人和朋友们。

鉴于本人水平和能力有限，书中必定还有许多不足和疏漏之处，希望此书对于从事相关行业的朋友们有所帮助的同时，能够得到大家的批评和指正，在此一并感谢。

席丽莎

于天津大学

参考文献

[1] 毛培琳，朱志红 . 中国园林假山 [M]. 北京：中国建筑工业出版社，2004.

[2] 安怀起，王志英 . 中国园林艺术 [M]. 上海：上海科学技术出版社，1986.

[3] 曹磊，王焱，曹磊教授工作室景观作品集 [M]. 天津：天津大学出版社，2012.

[4] 陈植 . 园冶注释 [M]. 北京：中国建筑工业出版社，1988.